VOLUME 87

A SÍNDROME DO ESPÍRITO

A MASSA MAGNÉTICA DOS ESPÍRITOS FOI FORMADA EM DIFERENTES NÍVEIS ENERGÉTICOS

PRIMEIRA EDIÇÃO

Carlos L Partidas

DEDICAÇÃO

Ao movimento da energia mínima de um almatrino que foi formado do nada. O movimento do almatrino, gerou a energia eletrônica e magnética e toda a matéria eletrônica que existe no Universo

ÍNDICE

RECONHECIMENTO

À energia coesiva que mantém o Universo unido. Esta energia integradora que definimos como a força da gravidade. É a energia de atração e rejeição das forças alternadas que não permitem que o Universo se volatilize no nada

Capítulo 1

FORMAÇÃO DA ENERGIA ELETRÔNICA

Antes da existência do Universo, não havia nada; não havia distância, não havia espaço, não havia tempo. No nada não há nada que possamos definir; assim, antes que o Universo existisse, não havia ali energia com a intenção de criar o Universo. Teríamos que procurar de onde vinha a energia que criou a energia que criou o Universo. O Universo é uma energia real que foi formada do ponto zero pelo movimento de um almatrino.

Um almatrino é a quantidade mínima de energia que foi formada a partir do nada; o almatrino começou a se mover; e, pelo movimento da energia eletrônica de um almatrino, o Universo e tudo que existe no Universo foi formado. Um almatrino, sendo energia, moveu-se e criou a quantidade mínima de movimento que pode existir. O movimento mínimo do almatrino foi contra o nada a partir do ponto zero; o que acelerou o movimento do almatrino; o movimento do almatrino criou a energia mínima e o movimento do almatrino não podia mais ser parado; e uma grande quantidade de energia começou a ser gerada, o que aumentou a temperatura daquele microssistema energético onde o Universo começou a se formar. O movimento inicial do almatrino tornou-se o que é hoje o grande Universo. O espaço é formado, pela força expansiva da energia eletrônica contra o nada.

O ser humano aprendeu a manipular a energia que criou o Universo; portanto, o ser humano se considera um criador; o que faz com que o ser humano duvide de sua origem como corpo e energia; mas o corpo é a mesma energia criada pelo Universo. A matéria eletrônica que forma o corpo físico é a energia eletrônica, mas em forma condensada. A única maneira da matéria eletrônica que forma o corpo ser convertido de volta em energia eletrônica é o corpo viajar a uma velocidade equivalente a C^3; o que vai ser impossível.

A direção do fluxo de energia eletrônica pode ser vista na Figura 1 através da regra mnemônica da direita. Se não houver movimento, nem a energia eletrônica nem a magnética são geradas. Quando ela flui muito rápido, a energia eletrônica se torna matéria eletrônica e a energia magnética se torna massa magnética.

A equação matemática pela qual podemos saber como a energia eletrônica é convertida em matéria eletrônica é a equação energética de Mileva Marić e Albert Einstein $E=mC^2$; que corrigimos e transformamos em $Ev=m_0C^3$. Albert Einstein ganhou o Prêmio Nobel de Física pela descrição do efeito fotoelétrico; mas Albert Einstein é mais conhecido pela teoria da relatividade do que pelo efeito fotoelétrico. Presume-se que a teoria da relatividade tenha sido formulada pela esposa de Albert Einstein, a física sérvia Mileva Marić. Entretanto, Albert Einstein e Mileva Marić confundiram massa magnética com matéria eletrônica, e consideraram a massa inicial do Universo como imaginária; ou seja, a massa inicial 'm' não existia para Albert Einstein e Mileva Marić.

Enquanto m_0 na equação energética $Ev=m_0C^3$, é a quantidade mínima de matéria eletrônica inicial e real; e, a partir desta quantidade mínima de matéria eletrônica m_0, toda a matéria que criou o Universo e tudo o que podemos ver fisicamente no Universo foi formado. Ou seja, as galáxias, as estrelas, o Sol, os planetas... e, na Terra, o ar, a água, as rochas, os vulcões, a areia, as bactérias, a vegetação, os corpos de insetos, os animais e os seres humanos.

A massa magnética forma uma silhueta que nem todos serão capazes de ver. A silhueta dos espíritos só pode ser vista por crianças. É a silhueta energética que leva a toda matéria eletrônica em qualquer corpo físico que pode mudar com o tempo, desde o nascimento até o envelhecimento. A massa magnética é o selo, ou a silhueta energética que dá forma de vida e dinamismo a qualquer corpo físico que é composto de matéria eletrônica que pode evoluir.

Como pode ser visto na Figura 1, o movimento da energia eletrônica gera energia magnética que gira perpendicularmente ao fluxo da energia eletrônica. A energia magnética é gerada quando a energia eletrônica se move. Se não houver movimento, nenhuma energia eletrônica é gerada; portanto, a energia magnética também não será produzida.

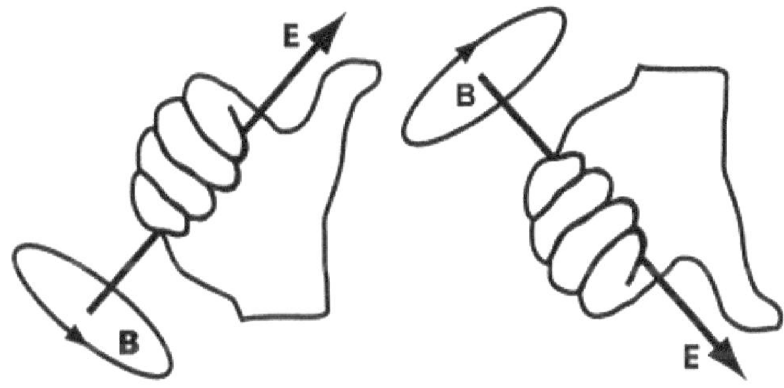

FIGURA 1
DIREÇÃO DO FLUXO DE ENERGIA ELETRÔNICA POSITIVA QUE FLUI PARA CIMA E ENERGIA ELETRÔNICA NEGATIVA QUE FLUI PARA BAIXO DE ACORDO COM A REGRA DA DIREITA

O espaço inicial era de tamanho imperceptível, por isso a energia eletrônica inicial gerada produziu um grande aumento de temperatura. O sistema energético do microuniverso atingiu altos valores de calor que não se repetirão; portanto, esse Universo, quando era de tamanho micro, começou a se formar como um plasma

energético. A alta temperatura acelerou a formação energética do Universo de forma violenta. Como espaço se
formava, as partículas no estado de plasma se organiza-
vam de acordo com suas cargas eletrônicas. Tudo isso
aconteceu há 13,8 bilhões de anos.

Naquela época nós não existíamos; mas, podemos
avançar com nossa imaginação até aquele ponto inicial,
para analisar como aconteceram aqueles eventos que de-
ram origem ao Universo atual; e, através da matemática,
podemos carimbar a idéia, para poder explicar a perfei-
ção de tudo o que existe hoje no grande Universo; o qual,
foi formado de forma lógica se partirmos daquele ponto
zero onde nada existia.

O propósito de saber como o Universo foi formado, é
ter uma idéia real, ser capaz de entender que todos os
seres vivos são irmãos e irmãs; já que nossa origem é a
energia que surge do movimento do Universo; de tal
forma que todos os seres vivos têm o mesmo direito de
existir no Universo.

Matematicamente, podemos dizer que antes da formação do Universo naquele ponto não havia nada e ainda não há nada, porque no nada não há nada. No ponto zero, o nada era zero. Portanto, o nada não é infinito; pois, o nada adquire o mesmo tamanho que a expansão do Universo adquire; apenas, fora do Universo não há nada. Podemos dizer que o que é infinito é o limite do nada; portanto, o Universo não será capaz de alcançar um ponto de equilíbrio no nada, portanto, o tamanho do Universo será até depois do infinito.

Matematicamente, $0/0=0$, $0/1=0$, $0/2=0$, $0/3=0$ ... ou, $0/1000=0$. Mas, se ordenarmos cada uma destas relações em relação a zero; ou seja, no valor $0/0$, veremos que $0/0=0$, $0/0=1$, $0/0=2$, $0/0=3$ ...$0/0=1000$; assim, podemos dizer que: $0=1=2=3=1000$ ou qualquer valor que colocarmos abaixo de zero será igual a zero.

Esta é uma inconsistência matemática conhecida como a divisão por erro zero. É um paradoxo. O paradoxo da divisão por zero foi resolvido pelo jovem venezuelano Ramsés Cornieles ao colocar o valor da divisão por zero dentro de um símbolo. Assim, 0/0=<(0)>, 0/0=<(1)>, 0/0=<(2)>, 0/0=<(3)> ...0/0=<(1000)>. Isto é, matematicamente, antes do ponto zero, todos os números têm o mesmo valor. Portanto: <(0)>=<(1)>=<(2)>=<(3)> ...=<(1000)>. Isso significa que o valor virtual de 0,1,2,3 ...1000 tem o mesmo valor antes do ponto zero; mas isso, é um valor virtual.

O valor de zero quando não está dentro do símbolo virtual é um valor real.

Ou seja, o Universo é real, e começou a se formar de maneira real no ponto zero a partir do nada, apenas pelo movimento da quantidade mínima de energia de um almatrino. No início, o almatrino era apenas energia; portanto, o almatrino não tinha carga, não tinha matéria eletrônica, não tinha massa magnética.

No ponto zero, podemos analisar por que as partículas foram formadas alternadamente em relação ao fluxo de energia eletrônica. É de forma alternada, porque é a forma lógica de como podemos acomodar várias partícu-las no espaço, para que estas partículas iniciais não se integrem. Assim, que as partículas se atraiam e repelam umas às outras; e assim, ser capazes de formar o espaço físico. Se o movimento das partículas não tivesse sido de forma alternada, todas as partículas teriam se fundido em uma, e o espaço físico não teria sido formado, ou seja, o Universo de forma desintegrada. É uma garantia de que temos apenas um Universo.

Se o arranjo das partículas não tivesse sido alternado, o Universo seria como um plasma energético, porque to-das as partículas se teriam unido. A energia eletrônica não teria sido integrada para formar matéria eletrônica, nem a energia magnética para formar massa magnética. Em outras palavras, não haveria galáxias, sóis e planetas. Alternativamente, uma para cima e outra para baixo, é a forma natural da disposição da energia eletrônica, que é o que não permite que as duas partículas contíguas se fundam em uma só, uma vez que uma força repulsiva é criada entre duas partículas girando uma contra a outra, e uma força atrativa é criada entre partículas girando na mesma direção no mesmo nível de energia. Se a disposição da energia eletrônica não estivesse em uma forma alternada, a força da gravidade não existiria; e o Universo não se teria formado, porque o Universo teria se volatilizado em nada.

A forma alternada dessas partículas elementares pode ser vista na Figura 2 para os dois primeiros níveis de energia 1 e 2, que simbolizamos como os níveis N-1 e N-2.

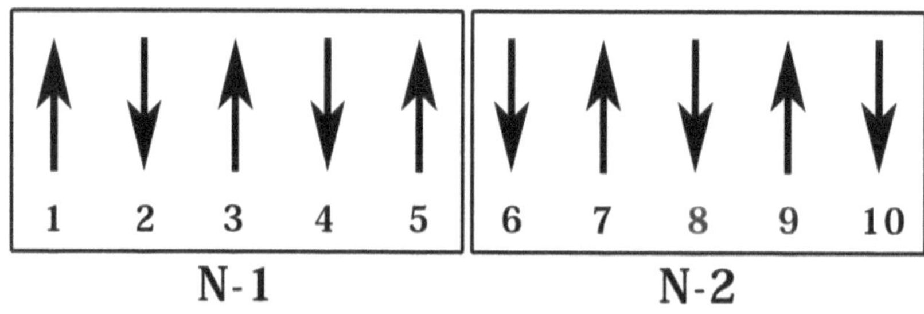

FIGURA 2

FORMAÇÃO DOS 2 PRIMEIROS NÍVEIS N-1 E N-2 DO UNIVERSO

O fluxo de energia eletrônica ocorre em níveis energéticos: em cada nível energético do Universo, 5 almatrinos são formados. Como pode ser visto na Figura 2, os 10 primeiros almatrinos são numerados nos 2 primeiros níveis N-1 e N-2 do Universo. Os almatrinos que têm uma energia eletrônica fluindo para cima, ou seja, os almatrinos 1 e 3 do nível N-1, chamamos de almatrinos positivos, a fim de indicar que a energia eletrônica destes dois almatrinos está fluindo para cima. Enquanto os almatrinos que têm uma energia eletrônica fluindo para baixo, ou seja, os almatrinos 2 e 4 do nível N-1, dizemos que esta é a energia eletrônica negativa dos almatrinos, como mostrado na Figura 2.

Com a direção do fluxo da energia eletrônica, não teremos problemas de julgamento com relação ao ângulo visual; já que, podemos ver de qualquer ângulo em que nos colocamos, como é a direção do fluxo da energia eletrônica.

Como pode ser visto na Figura 3, o movimento da energia eletrônica fluindo para cima gera uma energia magnética que gira da direita para a esquerda; e o movimento da energia eletrônica fluindo para baixo produz uma energia magnética que gira da esquerda para a direita. Mas, neste caso, com a direção do giro da energia magnética há um problema de julgamento; pois, se alguém estiver olhando o giro do lado oposto, notará que a energia magnética do nível N-1, ou seja, dos almatrinos 1 e 3, está girando da direita para a esquerda e os almatrinos 2 e 4 estão girando da esquerda para a direita.

Como você pode ver na Figura 4, a direção de rotação dos almatrinos depende do ângulo visual, pois são formadas 2 imagens espelhadas.

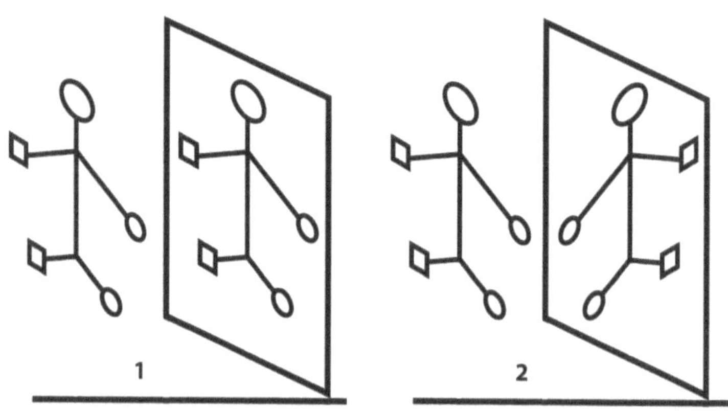

FIGURA 4
DUAS MANEIRAS DE NOS POSICIONARMOS PARA VER O GIRO DE UM PARTÍCULA ELEMENTAR, JÁ QUE O ÂNGULO VISUAL NOS DARÁ UMA IMAGEM ESPELHADA DIFERENTE PARA OS MESMOS FENÔMENOS DE ROTAÇÃO

A forma de posicionamento para ver a fiação dos almatrinos trará um conflito de julgamento para dois observadores quanto à forma de fiar; pois, os dois observadores têm um argumento que é válido para a direção da fiação.

No nível eletrônico atual, dois observadores têm uma razão para seu julgamento, e cada um verá que a direção na qual o mundo está girando é diferente. Alguns verão que o mundo gira na direção oposta a outros; e se não pararem para entender o fenômeno, serão guiados por aqueles argumentos que os filósofos indicam.

Podemos saber que a energia magnética é formada perpendicularmente ao fluxo da energia eletrônica. Portanto, a integração da energia eletrônica não tem nenhuma relação com a integração da energia magnética. A massa magnética de um espírito não tem carga eletrônica; portanto, a massa magnética de um espírito não interage com a matéria eletrônica. Assim, um espírito pode passar por qualquer tipo de material que seja composto de matéria eletrônica sem ser retido.

A integração das 2 energias eletrônicas positivas forma a matéria eletrônica positiva dos núcleos eletrônicos. Já a integração das 2 energias eletrônicas negativas forma a matéria eletrônica negativa dos elétrons.

Os núcleos positivos e os elétrons negativos podem ser integrados espacialmente, e a força motriz para esta integração é a diferença nas cargas eletrônicas. Assim, átomos são formados; e, a partir dos átomos, moléculas são formadas, e é a partir das moléculas que toda a matéria eletrônica do Universo é formada.

A massa magnética não contém nenhuma matéria eletrônica porque a massa eletrônica é a energia que é gerada pelo fluxo de energia quando a energia eletrônica se move. Como a energia eletrônica, a energia magnética também pode ser fisicamente integrada; mas, na Terra, essa integração será feita através de dois corpos, feminino e masculino, compostos de matéria eletrônica.

A força motivadora para a atração dos dois corpos eletrônicos masculino e feminino é a empatia produzida pelo apaixonamento. Já nas árvores e outras plantas, o motivo para a integração é a exibição de flores coloridas e aromas para atrair abelhas migratórias para polinizá-las ou emanar açúcar para atrair formigas. O sistema olfativo das abelhas é permeado por feromonas; e, através das feromonas, as abelhas podem captar o cheiro das flores a longas distâncias. Esta distância é estimada em 16 quilômetros ao redor, mas é através das feromonas que as abelhas podem localizar onde seu pente está para a viagem de retorno, pois pode haver vários favos na floresta.

Algumas aves emitem cantos para atrair um companheiro do sexo oposto. Insetos como as mariposas procuram luz para desovar; as mariposas são confundidas pela luz artificial e são mortas pelo calor que emana das lâmpadas.

O fluxo de energia eletrônica pára quando o movimento cessa, e a formação de energia magnética também pára. Corpos feitos de matéria eletrônica produzem energia elétrica quando se movimentam; a quantidade de eletricidade produzida é imperceptível; mas o fluxo dessa energia eletrônica pode ser controlado. Por exemplo, a eletricidade é produzida pelo movimento de uma turbina quando a turbina é colocada para girar em um fluxo de água. Ou pela diferença das cargas eletrônicas, as partículas eletrônicas funcionam quando são empurradas através de um circuito eletrônico, como, por exemplo, a placa ou processador de um computador, ou o circuito eletrônico de um telefone celular.

Mais eletricidade será produzida quando as partículas se moverem mais rapidamente, ou a uma velocidade próxima à da luz.

O movimento da energia eletrônica desde o seu início não pode ser parado no Universo; pois, a energia eletrônica produz mais energia eletrônica, e a energia eletrônica torna-se matéria eletrônica. Quanto mais energia é produzida, mais movimento é produzido, e o movimento produz mais energia eletrônica. É um bumerangue energético que cria um crescimento exponencial; portanto, o movimento do Universo é eterno, porque é impossível para o Universo parar quando ele atingiu um ponto de equilíbrio térmico. A criação do Universo será perpétua porque o Universo se expande no nada; e, à medida que se expande, o Universo criará mais espaço; pois, no nada, não há forças que possam deter a força expansiva ou exponencial do Universo; portanto, o Universo não pode chegar a um ponto em que esteja em equilíbrio térmico.

Entretanto, a taxa de fluxo de energia eletrônica não pode ser infinita, portanto, a energia eletrônica é aglomerada e a matéria eletrônica é formada. Estas são as partículas de matéria eletrônica carregadas positiva e negativamente.

Na Figura 2 podemos ver que o fluxo de energia eletrônica dos almatrinos 1 e 3 formam uma partícula carregada positivamente; enquanto os almatrinos 2 e 4 formam uma partícula que tem uma carga negativa. Estas duas partículas, a positiva e a negativa, se uniram, e o primeiro átomo do Universo, que chamamos de hidrogênio, foi formado. Como mostrado na Figura 5.

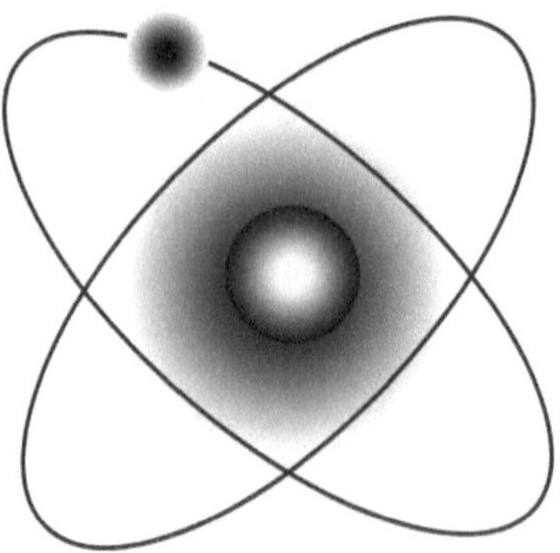

FIGURA 5
O PRIMEIRO ÁTOMO A SE FORMAR NO UNIVERSO QUE CHAMAMOS
HIDROGÊNIO

Um átomo de hidrogênio não pode existir em estado puro; portanto, 2 átomos de hidrogênio foram combinados para formar uma molécula de hidrogênio, tal como a molécula de hidrogênio mostrada na Figura 6.

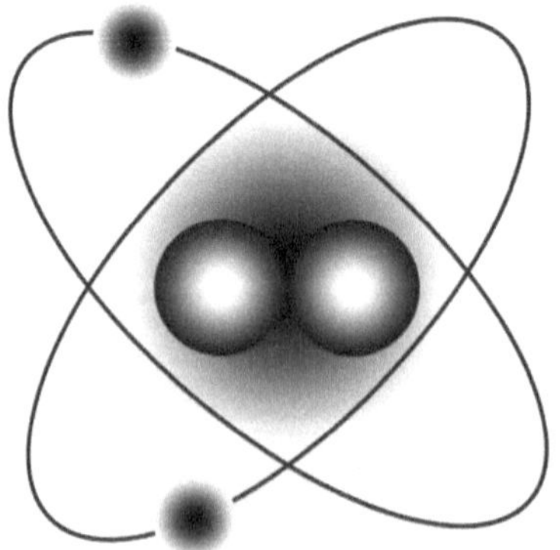

FIGURA 6
UMA MOLÉCULA DE HIDROGÊNIO CONSTITUÍDA POR 2 ÁTOMOS DE
HIDROGÊNIO É SEMELHANTE A UM ÁTOMO DE HÉLIO

Da mesma forma, forma-se um átomo estável que não é uma molécula com 2 núcleos e 2 elétrons, que chamamos de átomo de hélio; ou seja, não existe uma molécula de hélio.

Como mostrado na Figura 6, uma molécula de hidrogênio é como um átomo de hélio; mas um átomo de hélio é mais estável que uma molécula de hidrogênio; porque um átomo de hélio é inerte; ou seja, o átomo de hélio não se combina com outras substâncias em condições normais; portanto, o átomo de hélio é abundante no Universo.

Enquanto uma molécula de hidrogênio ou um átomo de hidrogênio pode perder seu elétron e um próton é formado. O próton de hidrogênio pode combinar-se com outros átomos carregados negativamente para formar um enorme número de diferentes materiais eletrônicos, incluindo toda a água do Universo. De fato, foi o cientista francês Antoine-Laurent de Lavoisier quem propôs o nome hidrogênio a partir do termo hidrogênio, que significa água e gerador de sentido genético.

A quantidade mínima de matéria eletrônica que se formou no Universo foi um átomo de hidrogênio; representamos esta quantidade mínima de matéria eletrônica como m_0 na equação energética $Ev=m_0C^3$.

Neste sistema energético na forma de plasma, no primeiro nível de energia N-1, podemos ter 3 partículas: 1º, o átomo de hidrogênio, que seria o mais estável. 2º, os almatrinos 1 e 3 positivos podem se combinar com um almatrino 4 negativo para formar um átomo de deutério. Os almatrinos 1, 3 e 5 positivos podem se combinar com a energia integrada dos almatrinos 2 e 4 para formar um átomo de deutério. Assim foram formados os diferentes átomos, moléculas e toda a matéria eletrônica que existe no vasto Universo.

Como mostrado na Figura 6, átomos e moléculas são integrados espacialmente para formar um número infinito de materiais eletrônicos.

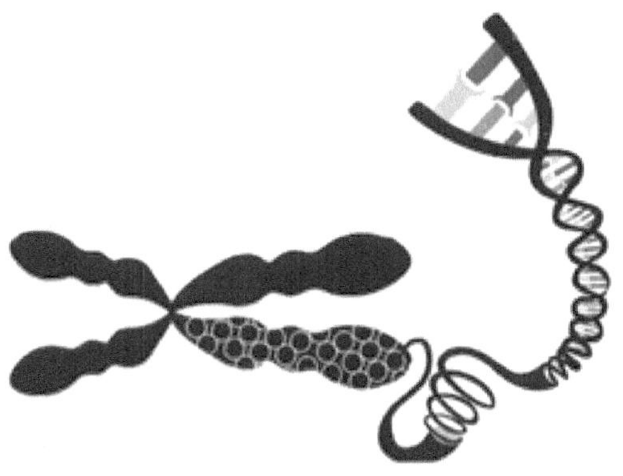

FIGURA 6
OS DIFERENTES CORPOS ELETRÔNICOS QUE COMPÕEM OS CROMOSSOMOS A PARTIR DA COMBINAÇÃO DE ÁTOMOS E MOLÉCULAS PARA FORMAR O DNA DAS CÉLULAS DE QUALQUER SER VIVO

A única diferença entre as células de diferentes animais é o código genético, já que a estrutura celular é a mesma para todos os seres vivos.

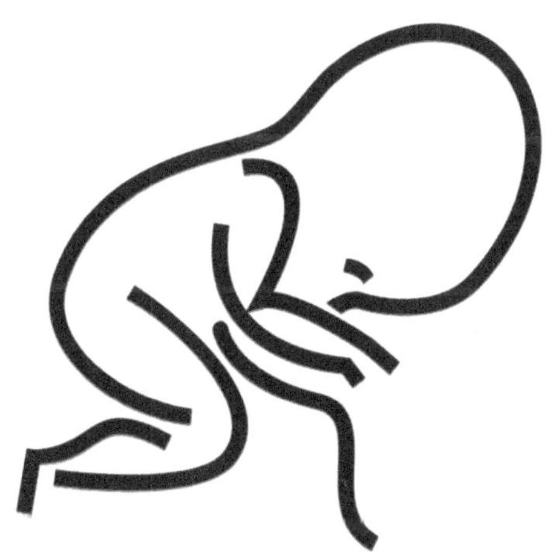

FIGURA 7
A FORMA DO CORPO DE UM SER HUMANO NO VENTRE DE UM SER FEMININO

Uma avalanche de partículas elementares foi gerada e ajustada pelas intensidades e diferenças das cargas eletrônicas; pois, naquele momento inicial, o microuniverso estava extremamente quente. Isto explica a erupção dos vulcões que ainda ocorrem na Terra. A matéria eletrônica que se formou no Universo ainda está esfriando e continuará a esfriar conforme o espaço do Universo aumenta.

O cientista francês Jules Henri Poincaré chamou este fenômeno de expansão, a entropia do Universo; mas o Universo não será capaz de atingir uma entropia máxima; ou seja, o Universo não será capaz de atingir uma temperatura mínima onde tem uma entropia máxima; porque uma entropia máxima é inatingível, porque uma entropia máxima não pode ser definida. Não será possível alcançar um ponto de entropia máxima; porque a definição de entropia máxima não tem limite que a defina.

O almatrino 5 do primeiro nível de energia N-1 se conecta com o almatrino 7 do segundo nível de energia N-2; e o almatrino 10 do segundo nível de energia N-2 se conecta com o almatrino 12 do terceiro nível de energia N-3. Desta forma, todos os níveis de energia que até agora existiam no Universo foram conectados.

24

Capítulo 2

FORMAÇÃO DE ENERGIA MAGNÉTICA

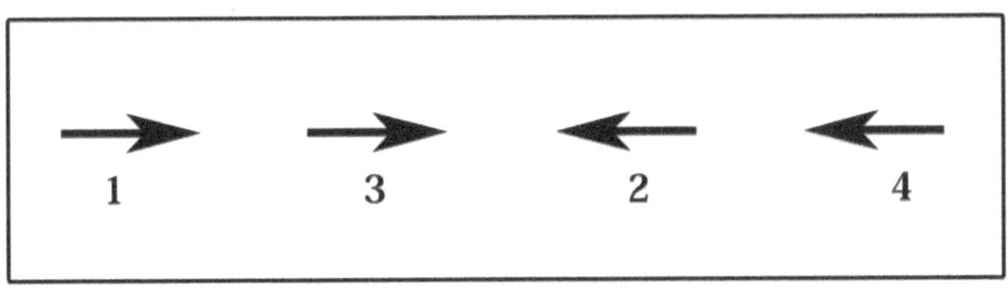

FIGURA 8
A ENERGIA MAGNÉTICA GIRA DA DIREITA PARA A ESQUERDA E DA ESQUERDA PARA A DIREITA NO PRIMEIRO NÍVEL DE ENERGIA N-1 DO UNIVERSO

Existem apenas dois tipos de energia produzida no Universo: a energia eletrônica que tem um fluxo eletrônico positivo ou negativo, ou seja, um fluxo de energia eletrônica para cima ou para baixo; e a energia magnética que gira da direita para a esquerda ou da esquerda para a direita, uma vez que a direção de rotação da energia magnética depende do ângulo de localização em que é vista a girar.

Quando a energia eletrônica é integrada, a energia magnética será livre, que é integrada, e a massa magnética é formada. Tudo o que dissemos aconteceu em um instante.

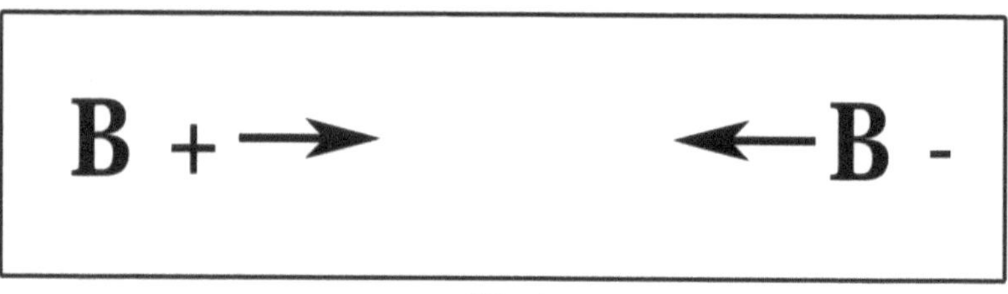

FIGURA 9
INTEGRAÇÃO DAS 2 ENERGIAS MAGNÉTICAS 1 E 3 PARA FORMAR O ESPÍRITO MASCULINO B+ E A INTEGRAÇÃO DAS 2 ENERGIAS MAGNÉTICAS 2 E 4 PARA FORMAR O ESPÍRITO FEMININO B-

A massa magnética que forma a silhueta dos espíritos B+ e B-, ou seja, os espíritos masculino e feminino, não pode ser integrada, porque ambos os espíritos foram formados com uma direção de rotação oposta. Os espíritos não giram, porque os espíritos foram formados pela integração de 2 energias rotativas; portanto, os espíritos são neutros. Os espíritos são de silhueta, os espíritos são formas reais; mas os espíritos não contêm matéria eletrônica. Os Espíritos formam uma silhueta parecida com um corpo eletrônico holográfico; mas os Espíritos não contêm nenhuma matéria eletrônica. A silhueta magnética de um espírito não tem cargas eletrônicas; portanto, a massa magnética de um espírito é mais estável do que o corpo físico eletrônico formado pela matéria eletrônica. Já dissemos que os espíritos podem passar por qualquer tipo e espessura de matéria eletrônica sem serem retidos pelas cargas eletrônicas da matéria eletrônica. Eu, por exemplo, quando estou fora do corpo, posso passar por uma porta de ferro sólido e estar do outro lado sem ser retido.

O espírito não se lembra como é seu mundo espiritual quando está no mundo físico; pois o corpo físico é composto de matéria eletrônica. O corpo físico foi formado a partir de 2 haploids: um haploid estava nas gônadas do ser masculino e o outro haploid estava nos ovários do ser feminino os 2 haploids formam um diploid que será transformado no útero do ser feminino onde estava o óvulo; e dentro do qual o diploid será transformado.

Os machos não possuem óvulos; portanto, o ser masculino não pode abrigar a diplóide. Esta é a razão pela qual o ser masculino não fica grávido. Os diplóides não têm memória; portanto, a memória física do diplóide é posta a zero. Em humanos, a memória é magnética e é trazida pelo espírito; e quando o espírito é incorporado ao corpo físico mostrado na Figura 7, o espírito será capaz de lembrar como é seu mundo espiritual, quando estímulos externos evocam memórias. Estes estímulos podem ser os sons da música; é por isso que temos hoje em dia os prodígios infantis em certas áreas; principalmente os prodígios infantis na música.

O mundo físico está em constante evolução, mas não estamos cientes desta evolução. Será muito difícil enganar uma criança com uma explicação não lógica, ou seja, com uma fantasia. Eles nos farão perguntas às quais não poderemos responder se não estivermos preparados com uma razão lógica.

Como mostrado na Figura 8, as 2 energias eletrônicas dos almatrinos 1 e 3 que fluem para cima formam as energias magnéticas 1 e 3 que giram da esquerda para a direita. As energias 1 e 3 unem-se e formam um espírito masculino.

As energias magnéticas 2 e 4 que giram da direita para a esquerda unem-se e formam a energia magnética de um espírito feminino.

Por exemplo, as energias magnéticas 1 e 2 se rejeitam mutuamente, de modo que estas duas energias não se integram; o mesmo pode ser dito das energias 1 e 4, 3 e 2 e 3 e 4. A energia magnética é o que dá dinamismo à matéria eletrônica de um corpo físico de um bebê até que o corpo do bebê tenha se tornado um homem velho.

Assim como a matéria eletrônica é ligada espacialmente; ou seja, átomos e elétrons são unidos para formar matéria eletrônica, quando são adultos e formaram gônadas e ovários, a energia magnética dos espíritos é ligada espacialmente através de corpos físicos para gerar outro corpo físico. Este processo é o mesmo para todos os seres vivos, exceto para os seres hermafroditas, como certas salamandras. A Figura 7 mostra o corpo físico de um ser humano gerado. O espírito deve ser incorporado 3 meses após a gestação para dar forma de vida a seu novo corpo físico.

Para entender o comportamento de cada espírito, teremos que deixar o ponto zero e descer a longa cadeia de níveis energéticos, e na qual os diferentes e distintos tipos de espíritos foram formados.

Já mencionamos que no início o Universo era muito quente; mas o Universo esfriou conforme o espaço aumentava; o que explicamos do ponto de vista da entropia, pois conforme o espaço aumenta, aumenta a desordem, ou seja, a entropia, que faz com que a temperatura do Universo diminua.

Não podemos saber em que nível estamos; só podemos saber que a temperatura é mais baixa porque o espaço físico é maior. Portanto, nos níveis antes de nos formarmos como espíritos, os minúsculos corpos físicos de vírus foram formados. Os vírus são a transição entre o corpo eletrônico de um ser vivo e um ser formado por uma massa magnética; mas os vírus são seres minúsculos; portanto, os vírus são seres minúsculos que vivem adormecidos em uma cápsula; os vírus estão esperando que as condições de temperatura mais baixa despertem de seu estado dormente.

Se a energia eletrônica foi formada por níveis de energia, da mesma forma, a energia magnética que é gerada pelo movimento da energia eletrônica foi formada nesses mesmos níveis de energia eletrônica.

Tanto a energia eletrônica quanto a energia magnética foram integradas nesses níveis, e os diferentes e diferentes corpos eletrônicos foram formados; e as diferentes e diferentes silhuetas magnéticas foram formadas. Portanto, teremos que subir na cadeia de níveis de matéria eletrônica para observar como se comporta a massa magnética do espírito que ocupa cada corpo físico.

São longas cadeias e escalas de energia eletrônica que formam grandes escalas e correntes de massa magnética. Portanto, teremos uma escala para distinguir cada espécie e um elo que integra as duas escalas. Por exemplo, teremos a escala que forma a massa magnética dos insetos, que é diferente da escala que forma a massa magnética das aves; então, a escala da massa magnética dos animais foi formada; e, mais tarde, encontraremos os níveis energéticos, nos quais as diferentes e variadas faixas de massa magnética dos seres humanos foram formadas.

Podemos nos projetar a tempo de prever que animais e seres humanos mais inteligentes nascerão em outros níveis energéticos a cada dia.

O comportamento da massa magnética do espírito de cada ave é diferente, mesmo que todas as aves voem fisicamente.

Da mesma forma, o comportamento espiritual dos animais, como os animais de estimação, é diferente, mesmo que seus corpos físicos possam ser os mesmos.

Ou seja, seremos capazes de distinguir o comportamento psicológico dos animais de estimação, mesmo que fisicamente todos sejam animais de estimação.

No comportamento da massa magnética dos espíritos dos seres humanos, há também um alcance ou escala e um elo para unir a seqüência, ou seja, nem todos os espíritos foram formados no mesmo nível energético, mesmo que o corpo físico que corresponde aos seres humanos pareça o mesmo. O comportamento psíquico da massa magnética do espírito dos seres humanos é diferente do de outros seres humanos, mesmo que todos eles sejam seres humanos em forma física.

Há seres humanos, que espiritualmente não se parecem com seres humanos; porque são um elo entre duas espécies; portanto, o comportamento do espírito desses seres humanos é diferente do de outros seres humanos; mas fisicamente ambos são seres humanos. Ambos pensam de maneira diferente, mas agem fisicamente como seres humanos. Talvez o comportamento seja influenciado pelo fator quiralidad que forma as imagens-espelho mostradas na Figura 4.

Isto quer dizer que em todos os seres vivos existe uma escala de níveis do ponto de vista espiritual, porque a massa magnética dos espíritos surgiu em um nível energético diferente, o que explica porque o comportamento dos seres humanos é diferente mesmo que o corpo físico de um ser humano seja o mesmo.

Na Terra, os vírus encontraram as condições de temperatura suficientemente baixas. Os vírus acordaram e mutaram; as mutações dos vírus formaram as células eucarióticas e procarióticas; essas células continuaram a sofrer mutações e produziram os diferentes corpos físicos, e nos quais cada cepa ou grupo de massas magnéticas de cada um dos espíritos viverá.

Ao resfriar, a água dos oceanos e dos mares foi formada e condensada na terra; e na água dos oceanos, as algas marinhas foram formadas. Dos mares, as algas foram puxadas para terra pelas águas do mar quando a maré sobe, devido à força da gravidade exercida pela Lua. A água da maré ficou presa nos poros das rochas vulcânicas, ou em zeólitos. Nas rochas vulcânicas, houve mutação de algas marinhas e vegetação que cobria de verde as terras inóspitas. Os fungos micorrizos não precisam de clorofila, de modo que foram produzidas raízes interligadas e as primeiras árvores frutíferas. A chuva e a brisa fizeram com que o pólen de uma flor caísse sobre uma flor diferente; assim, temos uma maior variedade de vegetação para alimentar os corpos dos seres vivos do que os animais, principalmente os corpos das aves que se alimentavam dos frutos. A vegetação formou a sombra que atenuou a intensidade da radiação solar.

Nos oceanos, o fitoplâncton mutou, e os diferentes corpos eletrônicos das diversas espécies marinhas foram produzidos. A maré varreu o fitoplâncton e os pequenos peixes voadores em direção à terra; e em terra, as células do fitoplâncton e dos pequenos peixes sofreram mutações e produziram as diferentes linhagens de animais, onde cada corpo físico de matéria eletrônica foi ocupado pela massa magnética do espírito correspondente.

Assim, foram produzidos os diferentes tipos de corpos de espécies marinhas, os insetos e os diferentes tipos e formas de insetos, os vários e diferentes tipos de animais e os diferentes e diferentes tipos de corpos de seres humanos, nos quais a massa magnética de cada um dos diferentes espíritos irá viver.

A forma de agir e pensar de cada espírito é o que temos chamado de síndrome do espírito, para englobar os diferentes comportamentos psicológicos de todos os seres vivos.

O processo de resfriamento do Universo explica como areia, água, pedras, cavernas, florestas etc. foram formados. Mas foi assim que todas as estruturas sólidas que podemos ver na Terra foram formadas.

O Universo continuará a crescer, porque o Universo se expande contra o nada; e as forças da gravidade não permitirão que o Universo se dissipe no nada.

A cada nível energético foram formados diferentes espíritos, que nos distinguimos apenas por seu comportamento e seu grau de evolução. O espírito é verdadeiramente eterno porque não contém matéria eletrônica; na Terra, o espírito usa o corpo para ficar por um tempo.

A massa magnética de um espírito pode aprender a evoluir. Entre os seres vivos, um cão ou um gato pode formar uma casta com uma inteligência mais avançada do que um ser da mesma casta de gatos ou cães. Assim, temos seres como macacos e texugos; e em água doce temos golfinhos, que são iguais aos golfinhos que vivem em água salgada. Os golfinhos podem ajudar um ser humano naufragado a puxá-lo para fora da água. Os golfinhos, golfinhos, texugos e guaxinins podem aprender; ou vacas, eles têm sentimentos como todos os seres vivos.

Os animais que mais desenvolveram sua inteligência através da capacidade de imaginar são os seres humanos. Portanto, há alguns seres humanos e elos de seres humanos que são espiritualmente mais avançados do que outros. Ou teremos netos que são espíritos com maior conhecimento do que os avós ou pais.

Aparentemente, o cientista britânico Paul Dirac sofreu de síndrome de Asperger, porque a criança Paul Dirac só interveio na aula para corrigir seu professor da escola primária; mas, uma vez perguntado a Paul Dirac qual era a diferença entre escrever poesia e escrever ciência; ao que Paul Dirac respondeu: "...na poesia se pode escrever algo e todos o entendem, enquanto que na ciência é preciso explicar algo que as pessoas não sabem para que todos o entendam".

Portanto, estes livros são parte de um pensamento; de uma análise que está sendo adaptada de acordo com o que a lógica indica; portanto, tente ler a última edição de cada livro; com o propósito de poder avançar juntos, ao longo do intrincado caminho da longa trilha energética que a formação do Universo nos deixa.

COM RESPEITO AO AUTOR

Formado pela Faculdade de Química, Faculdade de Ciências, Universidade Central da Venezuela, com uma licenciatura em Tecnologia Química. Pós-graduada em Ciência e Tecnologia de Alimentos. Trabalho especial sobre a química de produtos naturais e a química de doenças. Designer de processos químicos. Os livros listados abaixo são o produto do pensamento; portanto, estes livros devem ser sujeitos a revisão à medida que nos tornamos mais claros sobre como o Universo foi formado, portanto, tente ler a última edição de cada livro. Estes livros são: "A Química do Câncer". "A Química do Diabetes". "O Ataque do Coração". "Alzheimer". "A Química da Artrite". "A Química do Pensamento". "A Química do Espírito". "Como o Universo foi formado". "Os Expensalistas". "Por que não se deve comer carne". "O mundo do micro". "Será que Deus realmente existe?". "Objeções à Relatividade de Albert Einstein". "Adivinhando o futuro". "O Erro dos Grandes Cientistas". "A Vida ao Sol". "O Universo antes do

Tempo Zero". "A Energia do Espírito". "A origem do câncer". "O Mundo das Células". "A Química da Doença". "A partícula que criou o Universo". A Química do Câncer, sétima edição. The Chemistry of Diabetes, sexta edição; The Chemistry of Heart Attack, quarta edição, "The Chemistry of Memory"; The Chemistry of Arthritis, terceira edição. "O Poder Criador da Mente". The Particle that Formed the Universe, terceira edição. "A Massa Inicial do Universo". "Você não deve comer carne". "A Origem do Corpo e do Espírito". "Adorem o Universo". "Açúcar um Inimigo na Cozinha". "Viagem no tempo". The Chemistry of Cancer Edition 8. A Química do Diabetes, Edição 7. A Química do Ataque Cardíaco, Edição 5. The Memory of the Spirit Edition 1, The Chemistry of Arthritis Edition 5. "A Vida do Espírito". "A Ciência da Reescrita". "O Início do Universo". "O Crescimento Espiritual". "Acoplamento do Espírito com o Corpo". "A Origem da Vida". "A morte não existe". A Química do Câncer, edição final. A Partícula que Criou o Universo, edição final. "Incorporação do Espírito ao Corpo Físico". "Eu Vim do Sol". "Doenças Preveníveis". "A Origem da Vida na Terra". "O Momento Inaugural do Universo". "A Equação do Universo". "O Universo Infinitesimal". "O Livro do Universo". I Vim do Sol, Segunda Edição. A Morte Não Existe, Segunda Edição. O Livro mais curto, mas que explica como foi formado o maior sistema existente.

43